Bibliografische Information der Deutschen Nationalbibliothek:

Die Deutsche Bibliothek verzeichnet diese Publikation in der Deutschen Nationalbibliografie; detaillierte bibliografische Daten sind im Internet über http://dnb.d-nb.de/ abrufbar.

Impressum:

Druck und Bindung: Books on Demand GmbH, Norderstedt Germany
ISBN: 9783346126641

Dieses Buch bei GRIN:

https://www.grin.com/document/520247

Dominic Anlauf

Verpackungen in Natur und Technik. Bionische Materialien und Werkstoffe

GRIN Verlag

Dominic Anlauf

Bionische Materialien und Werkstoffe – Verpackungen in Natur und Technik

Schönkirchen, 23.01.20

1 Inhaltsverzeichnis

2 Abbildungsverzeichnis

3 Tabellenverzeichnis

4 Einleitung

Ein unbeschädigtes Produkt und eine ansprechende Gestaltung – die Hauptziele der technischen Verpackungen lassen sich schnell erkennen. So wird neben dem Schutz des eigentlichen Produkts auch der Absatz gefördert. Hinsichtlich dieser Aspekte hat die technische Verpackungsindustrie in den letzten Jahrzehnten große Fortschritte gemacht. Und trotzdem stellt uns jene Verpackungsindustrie nun vor ein globales Problem - die Entsorgung von Verpackungen und die daraus resultierende Umweltverschmutzung. Stellt man Vergleiche zur Natur an, so fällt auf, dass ein solches Problem nicht existiert. Auch die Natur nutzt aufwendige und zum Teil noch komplexere Verpackungen - diese bedrohen allerdings nicht die Gesundheit, verschwinden in der Regel wieder problemlos und fügen sich so in den natürlichen Kreislauf.[1] Es liegt also nahe sich an den Grundideen der Natur zu orientieren und diese für technische Anwendungen weiterzuentwickeln und umzusetzen. Das Fachgebiet, das sich mit dieser Schnittstelle zwischen Biologie und Technik auseinandersetzt, heißt Bionik. Doch welche konkreten bionischen Anwendungen gibt es bereits im Bereich Verpackungen? Und wie unterscheiden sich die Werkstoffe und Materialien von biologischen Verpackungen von denen der technischen Verpackungen und wo liegen die Schnittpunkte?

Ziel der vorliegenden Arbeit ist es den Bereich der technischen und biologischen Verpackungen vor dem Hintergrund der Bionik zu beleuchten und so Ähnlichkeiten, aber auch Unterschiede in deren Eigenschaften und Entwicklungsstrategien aufzudecken. Außerdem wird die Beeinflussung der biologischen und technischen Verpackungsmaterialien auf soziale, ökologische und ökonomische Ziele untersucht.

Zu Beginn der vorliegenden Arbeit werden die Begriffe Bionik, Werkstoff und Material definiert. So wird ein Grundverständnis für die Thematik geschaffen und die semantische Integrität gewährleistet. Im nächsten Abschnitt des Assignments werden die grundlegenden Aufgaben technischer Verpackungen abgebildet. Folgend werden je fünf unterschiedliche Werkstoffe biologischer und technischer Verpackungen genannt. Diese werden dann in Bezug auf das lokale oder globale Vorkommen und ihre spezifischen Aufgaben untersucht. Weiter werden entscheidende Unterschiede in der Entwicklungsstrategie für Verpackungen in Natur und Technik

[1] Vgl. Küppers/Tributsch (2002), S.1.

herausgearbeitet. Ergänzend wird im darauffolgenden Abschnitt die Beeinflussung von jeweils drei technischen und biologischen Verpackungsmaterialien in Bezug auf soziale, ökologische und ökonomische Ziele untersucht. Abschließend folgt eine Schlussbetrachtung, in der die Arbeit zusammenfasst und die Ergebnisse kritisch reflektiert werden.

5 Konzeptionelle Grundlagen

Im vorliegenden Kapitel wird herausgearbeitet, was grundsätzlich unter den Begriffen Bionik, Material und Werkstoff zu verstehen ist, sodass ein umfassendes Grundverständnis über die Begrifflichkeit und deren Eigenschaften entsteht.

5.1 Definition Bionik

„Bionik als Wissenschaftsdisziplin befasst sich systematisch mit der technischen Umsetzung und Anwendung von Konstruktionen, Verfahren und Entwicklungsprinzipien biologischer Systeme.“[2]

Die Bionik untersucht das Reservoir an Konstruktionen, Verfahrensweisen und Evolutionsprinzipien der belebten Welt im Hinblick auf Anregungen für eigenständig-technisches Gestalten. Sie überträgt zwar die Vorbilder der Natur, kopiert diese aber nicht.[3] Die Grundidee des Übertrages von biologischen Lösungen auf technische Problemstellungen besteht darin, dass in der Natur im Laufe von hunderten Millionen Jahren optimierte biologische Strukturen entstanden sind, die auch für technische Entwicklungen bedeutsam und überzeugend sein können.[4] Ein frühes Beispiel der Bionik ist die Beobachtung des Vogelflugs durch Leonardo da Vinci - so versuchte er, anhand dieses biologischen Beispiels das Fliegen durch technische Flügelklappen zu ermöglichen.[5] Die Bionik ist eine interdisziplinäre Wissenschaft, dessen Anwendungsbereich mittlerweile vielfältig ist. Aufgrund dessen unterteilt sich die Bionik in die klassische und neue Bionik, wobei die klassische Bionik sich mit der Anwendung in den Bereichen Bau und Klimatisierung, Konstruktion und Geräte, Formgestaltung und Design, Verfahren und Abläufe,

[2] Nachtigall, W. (2002), S.3.
[3] Vgl. Nachtigall, W. (2002), S.4.
[4] Vgl. Grunwald/Oertel (2006), S.13.
[5] Vgl. Nachtigall, W. (2002), S.8.

Materialien und Strukturen sowie Lokomotion beschäftigt. Wohingegen sich die neue Bionik mit der Nanotechnologie beschäftigt.[6]

5.2 Definition Material

Material ist ein Sammelbegriff für materielle Gegenstände der Produktion und des Materialflusses, die als Arbeitsgegenstand verarbeitet oder als Betreibungsgegenstand für Versorgung, Entsorgung und Erhaltung der Produktion in der Fabrik gebraucht und verbraucht werden.[7] Das Hauptmaterial (Produktmaterial) geht materiell in das Produkt ein, während das Hilfsmaterial (Betreibungsmaterial) nicht materiell in das Produkt eingeht und nur der Produktionsdurchführung dient.[8] Damit setzt sich der Materialfluss aus Produktfluss, Betriebsstofffluss sowie Ver- und Entsorgungsfluss zusammen.[9] Häufig wird der Begriff Material allerdings synonym für Werkstoff verwendet.

5.3 Definition Werkstoff

Werkstoffe sind Materialien, die sich bei Raumtemperatur im festen Aggregatzustand befinden und aus denen Bauteile und Konstruktionen entwickelt und hergestellt werden können - wobei die Qualität und die Eigenschaften der Endprodukte durch die Wahl des Werkstoffs entscheidend beeinflusst werden.[10] Werkstoffe sind ausdrücklich keine Hilfsstoffe. Eine Einteilungsmöglichkeit von Werkstoffen ist die verwendungsorientierte Unterteilung zwischen Strukturwerkstoffen und Funktionswerkstoffen. Während es bei den Strukturwerkstoffen auf die mechanischen Eigenschaften ankommt und diese für tragende Strukturen verwendet werden, finden Funktionswerkstoffe vor Allem wegen deren physikalischer Eigenschaften Verwendung. Ein Beispiel für Funktionswerkstoffe ist der Wolframdraht der Glühlampe, der Licht liefert.[11] Die Beurteilung von Werkstoffen findet nach dreierlei Eigenschaftsgruppen statt, welche gleichzeitig eine Voraussetzung sind, um einen Werkstoff als einen solchen zu identifizieren. Diese Eigenschaftsgruppen lauten Fertigungstechnische, wirtschaftliche und Gebrauchseigenschaften.[12]

---

[6] Vgl. Grunwald/Oertel (2006), S.5ff.
[7] Vgl. Kurt, W. H. (2018), S.1147.
[8] Vgl. Kurt, W. H. (2018), S.1147.
[9] Vgl. Kurt, W. H. (2018), S.1149.
[10] Vgl. Bozena, A. (2017), S.1.
[11] Vgl. Hornbogen/Eggeler/Werner (2017), S.12.
[12] Vgl. Hornbogen/Eggeler/Werner (2017), S.11.

6 Aufgaben technischer Verpackungen

Im vorliegenden Abschnitt dieses Assignments geht es darum, die Aufgaben der technischen Verpackungen zu erläutern. So lassen sich erste Erkenntnisse gewinnen, welche Faktoren bei der Entwicklung von Verpackungen eine tragende Rolle spielen.

Grundsätzlich lassen sich folgende vier Funktionsbereiche unterscheiden:

- Produktionsfunktion: Die Verpackung ermöglicht die mengenmäßige Bereitstellung des Produktionsinputs und die quantitative Aufnahme des Produktionsoutputs am Produktionsort. Durch die Wahl geeigneter Verpackungen (z.B. Container) kann direkt aus bzw. in die Verpackung produziert werden.[13]
- Marketingfunktion: Die Verpackung ist ein wesentlicher Bestandteil der Produktpolitik, durch die ein Produkt von Konkurrenzprodukten unterscheidbar gemacht wird. Außerdem wird der Verbraucher über den Verpackungsinhalt informiert.[14]
- Verwendungsfunktion: Zur Verwendungsfunktion zählt die Wiederverwendung der Verpackung beim Kunden oder die Verwendung für andere Zwecke. Durch die zwingende Berücksichtigung ökologischer Wirkungen wird die umweltgerechte Gestaltung der Verpackungen essentiell.[15]
- Logistikfunktionen: Durch die verschiedenen Logistikfunktionen werden Logistikprozesse erleichtert und teilweise überhaupt erst ermöglicht. Zu den Logistikfunktionen zählen:
  - Schutzfunktion: Die Verpackung schützt den verpackten Inhalt vor allen mechanischen und klimatischen Einflüssen zwischen Hersteller und Verbraucher.[16]
  - Lagerfunktion: Die Verpackung erleichtert die Lagerung eines Gutes. Das bedeutet beispielsweise, dass die Verpackung stapelfähig ist.[17]
  - Transportfunktion: Aufgabe der Verpackung ist es außerdem den Transport eines Gutes zu erleichtern.
  - Informationsfunktion: Die Informationsfunktion der Verpackung meint, dass die Verpackungen so gekennzeichnet sind, dass der Auftragszusammensteller im Lagerhaus die gewünschten Produkte leicht identifizieren kann.[18]

---

[13] Vgl. Pfohl H.-C. (2017), S.151.
[14] Vgl. Küppers/Tributsch (2002), S.7.
[15] Vgl. Pfohl H.-C. (2017), S.152.
[16] Vgl. Küppers/Tributsch (2002), S.7.
[17] Vgl. Pfohl H.-C. (2017), S.153.
[18] Vgl. Pfohl H.-C. (2017), S.153.

7 Werkstoffe biologischer und technischer Verpackungen

Im siebten Kapitel werden je fünf unterschiedliche Werkstoffe biologischer und technischer Verpackungen vorgestellt. Hauptaugenmerk liegt dabei auf den spezifischen Funktionen und den Eigenschaften der Werkstoffe.

7.1 Biologische Verpackungen

7.1.1 Bienenwachs - die Zellen der Bienenwaben

Die aus Bienenwachs bestehenden Waben bestechen neben der effizienten Raumnutzung durch eine optimale Stabilität. Auf diese Eigenschaften sind auch bereits Ingenieure aus der Bionik aufmerksam geworden.[19] Die Bienen erzeugen mit ihren Drüsen Wachsplättchen, welche vorerst in runder Form angeordnet werden. Das Wachs wird anschließend erwärmt, dadurch verformen sich die Zellen so, dass automatisch die Formen von Hexaedern entstehen, diese Struktur ist Abbildung 1 zu entnehmen. Dieses Phänomen wird als Selbstorganisation bezeichnet. Diese Art von Selbstorganisation dient der Energieersparnis, denn es wird mit der geringsten Menge an Wachs ein ideales Ergebnis erzielt. Die sechseckige Form bringt den positiven Effekt der vollständigen Raumausnutzung, da die Zellen so unmittelbar aneinandergrenzen können. Außerdem entsteht mehr Volumen als bei allen anderen Formen. Die Bienenwaben dienen zur Aufzucht von Larven und zur Lagerung von Honig und Pollen. Sie kommen in Europa, Afrika und Asien je nach Klimalage vor.[20]

Abbildung 1: Struktur einer Bienenwabe (vergleiche Kropp 2015, S.12.)

[19] Vgl. Kropp, R. (2015), S.9.
[20] Vgl. Kropp, R. (2015), S.11.

7.1.2 Chitin - Chitinpanzer der Insekten

Chitin ist neben Zellulose das am weitesten verbreitete Biopolymer und das Bindematerial des Insektenpanzers. Chitin ist flexibel, dehnbar, extrem reißfest, beständig und löst sich unter Umwelteinflüssen nicht auf. Die Hülle der Insekten besteht aber nicht nur aus Chitin, sondern zusätzlich noch aus Sklerotin. Chitin verleiht Biegsamkeit und Sklerotin hohe Festigkeit.[21] Die Hauptaufgabe dieser Materialkombinationen ist ein besonders stoßfester und beständiger Schutz der innenliegenden Strukturen - daneben beschleunigt Chitin die Wundheilung um bis zu 30 Prozent.[22] Käfer, aber auch Krebstiere verfügen über Chitinpanzer, damit ist der biologische Werkstoff global verbreitet. Abbildung 2 bildet einen solchen Chitinpanzer ab.

Abbildung 2: Chitinpanzer eines Blatthornkäfers (vergleiche Kropp 2015, S.70.)

[21] Vgl. Kropp, R. (2015), S.71.
[22] Vgl. Nachtigall, W. (2002), S.70.

7.1.3 Cutin - die Blattcuticula

Die Cuticula der Pflanzen ist ein durch lösliche Wachse, Zellulose[23] und Cutin[24] synthetisierter Überzug der Blatthaut. Durch ihre hydrophobe[25] Eigenschaft verringert die Cuticula die Benetzung der Blattoberfläche durch Wasser, dieses Phänomen lässt sich in Abbildung 3 erkennen.

Abbildung 3: Wasserabweisender Effekt durch Faltungen und Vorsprünge der Cuticula (vergleiche Kropp 2015, S.57.)

Ein nützlicher Nebeneffekt ist die Selbstreinigung, da den abperlenden Wassertropfen Staub und Pilzsporen anhaften. Als lückenloser Film unterschiedlicher Dicke schützt die Cuticula die Zellenaußenwände weiterhin vor zu starker Sonneneinstrahlung, kleineren mechanischen Schäden und Verdunstung. Im Gegensatz zu Chitinpanzern von Insekten kann die Cuticula stetig mitwachsen und sich selbst reparieren.[26] Durch einen überaus effektiven Mechanismus, der in die Änderung der äußeren Form der Cuticula resultiert, lässt sich eine superhydrophobe Oberfläche erzeugen – diese Oberfläche ist derartig wasserabweisend, dass sie mit dem Begriff des Lotuseffekts beschrieben wird. Nähere Informationen zur Entstehung dieser Struktur sind im Anhang unter Abschnitt 11.1 zu finden. Neben den vorangegangen schützenden Funktionen ist die

[23] Hauptbestandteil pflanzlicher Zellwände.
[24] Polyesterartige Substanz.
[25] Wasserabweisend.
[26] Vgl. Kropp, R. (2015), S.55.

Cuticula gasdurchlässig, um die Fotosynthese zu ermöglichen. Das Cutin findet sich sowohl in Laubbäumen als auch im Regenwald und ist somit global vertreten.[27]

7.1.4 Cellulose - die pflanzliche Zellwand

Cellulose ist der Hauptbestandteil pflanzlicher Zellwände und damit die häufigste organische Verbindung, die sowohl vollständig abbaubar ist, als auch nachwächst Naturfasern wie Baumwolle, Hanf, Flachs und Jute bestehen praktisch zu 100 Prozent aus Zellulose, Holz zu 40 bis 60 Prozent. Damit ist Cellulose der essentielle Rohstoff zur Papierherstellung, aber auch in der chemischen Industrie findet er seine Anwendung.[28] Die prägnanten Eigenschaften der Cellulose sind die Reißfestigkeit und die Unlöslichkeit in Wasser. Durch diese Kombination gilt Cellulose als Strukturbilder. Ein konkretes Konstrukt aus Cellulose ist die Hülle von Samen. Die Hülle gewährt Schutz gegen mechanische Belastungen und bietet gleichzeitig durch ihre Feinstrukturierung die Voraussetzungen für den Gas- und Flüssigkeitsaustausch sowie das Durchdringen durch den herauswachsenden Trieb.[29] Cellulose ist omnipräsent und dementsprechend in jeglicher pflanzlichen Natur vorzufinden. Beispielhaft dient Abbildung 4, in der eine Cellulose-Struktur in Form von Palmenfasern abgebildet ist.

Abbildung 4: Fasern der Stämme von Coccothrinax crinata (vergleiche Kropp 2015, S.163.)

[27] Vgl. Kropp, R. (2015), S.55.
[28] Vgl. Nachtigall, W. (2002), S.75.
[29] Vgl. Vgl. Küppers/Tributsch (2002), S.68.

7.1.5 Kalk - das Vogelei

Das Vogelei ist ein Meisterstück der Evolutionen, es erfüllt divergenteste Anforderungen - so muss es groß genug sein, damit sich ein Küken darin gut entwickeln kann, sollte aber nicht unnötig riesig werden, um Verpackungsmaterial und Energie der Mutter zu sparen. Es muss das Küken mit Nährstoffen versorgen können und die Atmung, also den Gasaustausch ermöglichen, darf gleichzeitig allerdings nicht austrocknen. Es muss stabil genug sein, damit es das Gewicht des brütenden Elternvogels aushält, muss zugleich aber so zerbrechlich sein, dass das Küken am Ende der Brut schlüpfen kann.[30] Der entscheidende Teil des Eis liegt in den letzten beiden Verpackungsschichten, die auch in Abbildung 5 ersichtlich werden. Die Schalenhaut besteht aus zwei Membranen, zwischen denen sich nach der Eiablage eine Luftkammer bildet. Beide Membranen sind selektiv permeabel[31]. Darauf folgt die Kalziumkarbonat-/Kalkschicht, diese wiederum setzt sich aus drei unterschiedlichen Kalkschichten zusammen. Die Kalkschale besitzt Poren, die Wasser und Gase passieren lassen, um die Atmung des Kükens zu gewährleisten.[32] Das Vorkommen der Kalkstrukturen von Vogeleiern lässt sich als global bezeichnen.

Abbildung 5: Aufbruch der letzten beiden Verpackungsschichten (vergleiche Kropp 2015, S.38.)

[30] Vgl. Kropp, R. (2015), S.37.
[31] Wasser und Gase passieren, andere Stoffe werden zurückgehalten.
[32] Vgl. Kropp, R. (2015), S.39.

7.2 Technische Verpackungen

Im Gegensatz zu biologischen Verpackungen gilt für technische Verpackungen das Prinzip des Verpackens von formbeständigen Objekten unter Berücksichtigung wirtschaftlicher Aspekte, was dazu führt, dass Naturstoffe häufig mit Kunststoffen verarbeitet oder veredelt werden. Der Schutz ein- und desselben Packgutes findet hierbei durch die unterschiedlichsten Verpackungen statt, was im Widerspruch zur Natur steht.[33]

7.2.1 Kunststoffverpackungen

Kunststoffverpackungen sind derweil omnipräsent, jede Art von Produkt wird durch ein Kunststoffgebilde geschützt. Dabei steht vor Allem die Wirtschaftlichkeit im Vordergrund. Ob es sich um Shampoo Flaschen, wie in Abbildung 6 um Joghurtbecher oder Gebäudedämmungen handelt, es gibt kaum ein Anwendungsgebiet, das den Kunststoffen verschlossen bleibt.

Abbildung 6: Joghurtverpackungen mit Kunststoffkappe als doppelter Deckel (vergleiche: Küppers/Tributsch 2002, S.55.)

Kunststoffe sind Stoffgemische aus Polymeren oder Monomeren - letztere kommen eher selten vor - und verschiedenen Zusatzstoffen. Das Polymer ist entscheidend für die Eigenschaften des Kunststoffes. Polymere sind organische, auf der Basis von Kohlenstoffen aufgebaute Makromoleküle, die aus Nichtmetallen wie Wasserstoff, Stickstoff, Kohlenstoff und Schwefel bestehen. Mittlerweile gibt es mehr als 200 verschiedene Kunststoffarten, die alle ein anderes - zum Teil ähnliches - Eigenschaftsspektrum besitzen, was sie zu Alleskönnern macht.[34] Hauptaufgabe der Kunststoffverpackungen ist es Dinge zu schützen und luftdicht zu verschließen.

---

[33] Vgl. Küppers/Tributsch (2002), S.28.

[34] Vgl. Bozena, A. (2017), S.220.

Insbesondere Reißfestigkeit, Dehnbarkeit und chemische Beständigkeit zeichnen die Kunststoffe aus.

7.2.2 Glasverpackungen

Die wohl gängigste Art der Glasverpackung ist die Glasflasche, die jede Art von Getränk, Flüssigkeit und Cremes beinhalten kann, wobei der Hauptanwendungsbereich bei den Getränken liegt. Unter Glas versteht man einen amorphen Feststoff, der aus einer erstarrten anorganischen Schmelze entsteht, deren Hauptbestandteil Quarzsand ist.[35] Weitere Bestandteile sind beispielsweise Soda und Kalk. Den Vorteil, den Glas gegenüber teilkristallinen und kristallinen Kunststoffen hat, ist die amorphe Feinstruktur. Diese Feinstruktur ist entscheidend für die Lichtdurchlässigkeit eines Werkstoffes. Die Lichtdurchlässigkeit wiederum ist wichtig bei Getränkeflaschen, um die Keimbelastung durch einfallendes UV-Licht niedrig zu halten.[36] Durch ihr hohes Gewicht und ihre Zerbrechlichkeit weicht die Glasflasche allerdings immer mehr den PET-Flaschen, welche auch über eine amorphe Struktur verfügen.[37] In Abbildung 9 ist sowohl eine Glas- als auch eine PET-Flasche zu sehen. Da diese beiden Flaschenarten allerdings allseits bekannt sein dürften, befindet sich diese Abbildung im Anhang unter Kapitel 11.2.

7.2.3 Papier-Kartonverpackungen

Der Pappkarton ist die wohl am weitesten verbreitete Verpackung der Welt. Das Beliefern von Unternehmen, als auch von Privatpersonen findet mit Kartons aus Pappe statt. Papier und Pappe werden im Folgenden synonym verwendet, da der Ausgangswerkstoff nahezu identisch ist. Pappe ist ein durch Kleben oder Pressen gefertigter Werkstoff, der aus Holz - dazu zählt auch Cellulose - als wichtigster Rohstoff und anderen Pflanzen-, Lein- und Baumwollstoffen besteht.[38] Er findet neben Kartonagen, Pappbechern und Bierdeckeln auch Anwendung in Dachpappe. Doch auch der aus großen Teilen aus Holz bestehende Werkstoff - der in Abbildung 10 zu sehen ist, welche sich im Anhang befindet - belastet die Umwelt. Bei der Papier- und Pappe Herstellung wird ein hoher Ressourcenverbrauch an Holz und Energie betrieben, außerdem sind die mit der Herstellung verbunden Schadstoffe in Wasser, Luft und Boden zu beachten.[39] Im Vordergrund der Funktionalität von Pappkartonagen stehen die Stapelfähigkeit, die den Transport und das Einlagern der Produkte ermöglicht und die Wirtschaftlichkeit.

---

[35] Vgl. Thienel, K.-Ch. (2018), S.7.
[36] Vgl. Bozena, A. (2017), S.26.
[37] Vgl. Bozena, A. (2017), S.27.
[38] Vgl. Küppers/Tributsch (2002), S.15.
[39] Vgl. Umweltbundesamt (2014).

7.2.4 Metallverpackungen

Metallverpackungen zeichnen sich durch ihre Stoßfestigkeit, chemischen Beständigkeit und Reißfestigkeit aus. Außerdem lässt sich das glänzende Material, das in Abbildung 9 dargestellt wird, optisch sehr ansprechend und hochwertig designen. Dabei werden metallische Werkstoffe traditionell in Eisenwerkstoffe, welche hauptsächlich in Asien und Amerika gewonnen werden und Nichteisenwerkstoffe eingeteilt.[40] Im vorliegenden Abschnitt stehen Metallverpackungen insbesondere für die nicht Leichtmetalle.

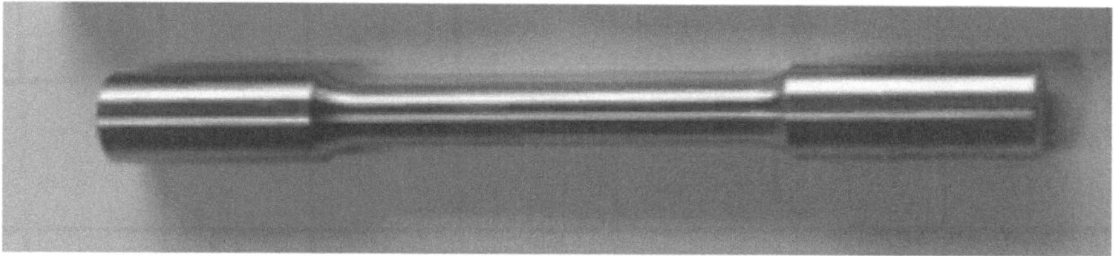

Abbildung 7: Werkstoffprobe eines Metalls (vergleiche Bozena 2017, S.73.)

Anwendungen finden diese Metalle in Schachteln, Boxen und Dosen. Dabei unterscheidet sich der spezifische Werkstoff von besonders hochwertig verarbeiteten Schachteln, Gastanks und Konservendosen erheblich. Das Alleinstellungsmerkmal der Metallverpackungen ist die Wiederverwertbarkeit, die unendlich oft möglich ist.[41] Das macht Metall zu einer ernstzunehmenden Option für zukunftsträchtige und umweltschonende Verpackungen.

7.2.5 Aluminiumverpackungen

Aluminium gehört zu der Gruppe der Leichtmetalle und findet vor allem dort Verwendung, wo das Gewicht eine entscheidende Rolle spielt. Außerdem zeichnet sich Aluminium durch seine Korrosionsbeständigkeit und gute Verformbarkeit aus.[42] Eine relativ junge Anwendungsmöglichkeit von Aluminium für Verpackungen ist der Aluminiumschaum. Dieser vereint geringes Gewicht mit hoher Steifigkeit und Vibrationsreduktion. Zwar ist der Bereich der Verpackungen nicht das Haupteinsatzgebiet des Aluminiumschaums, dennoch werden rund 10 Prozent des hergestellten Schaums für Verpackungen verwendet.[43] Zerbrechliche und erschütterungsanfällige Produkte lassen sich durch den Aluminiumschaum hervorragend schützen. Weitere Einsatzmöglichkeiten bestehen in der Verkehrs- und Bauindustrie, dabei

[40] Vgl. Bozena, A. (2017), S.27.
[41] Vgl. Bozena, A. (2017), S.7.
[42] Vgl. Bozena, A. (2017), S.159.
[43] Vgl. Bozena, A. (2017), S.170.

unterscheiden sich die Schäume in deren Porosität, wie Abbildung 10 verdeutlicht. Durch die verschiedenen Stufen der Porosität lassen sich unterschiedliche Eigenschaftsprofile schaffen – beispielsweise in Bezug auf die Festigkeit.[44]

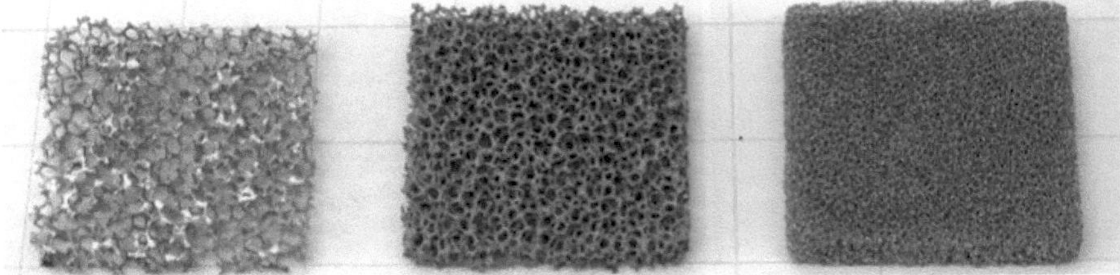

Abbildung 8: Aluminiumschaum verschiedener Porosität (vergleiche Bonzana 2017).

8 Entwicklungsstrategien der Verpackungen in Natur und Technik

Im folgenden Abschnitt werden einige Unterschiede in den Entwicklungsstrategien von Verpackungen in der Natur und der Technik analysiert. Um den Rahmen des Assignments einzuhalten werden nur einige prägnante Unterschiede herausgestellt.

Die Natur verwendet in der Regel keine hochspezialisierten Materialien, sondern Materialkonzepte, die in der Lage sind, unterschiedliche technische Herausforderungen gleichzeitig zu lösen.[45] Die Technik hingegen erfordert zu meist ein hochspezialisiertes Material, das für wenige Aufgaben und Problemstellungen ausgelegt wird. Ein weiterer Unterschied in den Entwicklungsstrategien der Verpackungen liegt in der Produktfixierung. Bei technischen Verpackungen ist es so, dass Packgut und Verpackung unterschiedlichste Lebenswege bestreiten. So wird das spezifische Anforderungsprofil der Verpackung auf das Produkt abgestimmt, was dazu führt, dass unterschiedlichste Verpackungen genutzt werden. Ein prägnantes Beispiel bietet die Lebensmittelindustrie, bei der für verschiedene Transportzeiten, Lagerungsarten und Frischhaltezeiten dazu führen, dass nicht immer eine Verpackungsart zweckmäßig ist.[46] Dem gegenüber stehen die Verpackungen der Natur. Die Natur hat durch ganzheitliche Betrachtungsweisen über Millionen von Jahren die besten Kombinationen von Packgut und Verpackung ermittelt und wendet diese konsequent an. Die Technik entwickelt Verpackungen

[44] Vgl. Bozena, A. (2017), S.170.
[45] Vgl. Küppers/Tributsch (2002), S.68.
[46] Vgl. Küppers/Tributsch (2002), S.30.

demnach produktfixiert und die Natur ganzheitlich.[47] Ein weiterer Unterschied liegt darin, dass die Natur Verpackungen in einem komplexen Netzwerk optimiert. Die Entwicklungsprozesse der Verpackungen in der Natur sind Prozesse, die mehrere Ziele, Einflussgrößen und komplexe Randbedingungen haben. Die Technik entwickelt die Verpackungen in der Regel durch Detailverbesserungen, bei denen Oberflächen, Verschlüsse und ähnliche Details angepasst werden. Die Technik such demnach Teillösungen, während die Natur in komplexen Netzwerken entwickelt.[48] Der letzte hier zu nennende Aspekt liegt darin, dass die Technik mittlerweile vor der Herausforderung steht, umwelt- und ressourcenschonend zu verpacken und möglichst wenig Abfall zu erzeugen. Diesen Faktor muss die Natur nicht berücksichtigen, da die Verpackungen organisch sind und Abfallstoffe sich zersetzen, anstatt zu Problemstoffen für die Umwelt zu werden.[49]

9 Beeinflussung der Verpackungsmaterialien

Im Folgenden wird tabellarisch die Beeinflussung von Verpackungsmaterialien an Hand von je drei ausgewählten biologischen und technischen Beispielen auf soziale, ökologische und ökonomische Ziele verglichen. Dabei dient folgender Bewertungsschlüssel:

0 = Kein Einfluss; 1 = Kleiner Einfluss; 2 = Mittlerer Einfluss; 3 = Großer Einfluss

Weiterhin werden die Bewertungen anschließend begründet. Es wird ausdrücklich darauf verwiesen, dass die Begründungen für die einzelnen Bewertungen auf den - in Kapitel 7 beschriebenen - Informationen zu den einzelnen Werkstoffen fundieren.

Ziele/Material	Kunststoff	Pappe/Papier	Metall	Cellulose	Kalk	Chitin
Soziale Ziele	3	3	0	0	0	0
Ökologische Ziele	3	2	2	3	3	3
Ökonomische Ziele	3	2	1	1	1	1

Tabelle 1: Beeinflussung von Verpackungsmaterialien auf soziale, ökologische und ökonomische Ziele

Die Einflussnahme von Kunststoffen auf soziale, ökologische und ökonomische Ziele ist in jeder Hinsicht groß. Zum einen belastet Kunststoff die Umwelt, da es nicht natürlich abbaubar ist und verstößt so gleichzeitig gegen soziale Ziele, denn Verbraucher- und Umweltverbände gehen bereits gegen Kunststoffe als Verpackungsmaterial vor. Gleichzeitig hat Kunststoff aber auch einen großen Einfluss auf die ökonomischen Ziele, denn Kunststoff ist sehr günstig zu produzieren

[47] Vgl. Küppers/Tributsch (2002), S.30.
[48] Vgl. Küppers/Tributsch (2002), S.33ff.
[49] Vgl. Küppers/Tributsch (2002), S.42.

und hält somit die Verpackungskosten gering. Ausführungen zu den anderen Bewertungen befinden sich im Anhang unter dem Kapitel 11.4.

10 Schlussbetrachtung

Abschließend ist zu konstatieren, dass die Natur ein riesiges Spektrum an Verpackungen mit wenigen Ausgangsmaterialien bietet - so führt vor Allem vor dem Aspekt der Nachhaltigkeit kein Weg an biologischen Verpackungsmaterialien und deren Strukturen vorbei. Trotzdem gilt es zu beachten, dass die Bionik in der Öffentlichkeit vielfach eine große Faszination auslöst. Die Lebewesen als High-Tech-Systeme zu erfassen und ihre technologische Leistungsfähigkeit zu nutzen, scheint den häufigen Widerspruch zwischen Technik und Natur zu egalisieren. Allerdings sind bionische Problemlösungen nicht per se risikoärmer oder umweltverträglicher als traditionelle Lösungen. Denn eine evolutionäre Optimierung in der Natur erfolgt unter anderen Kriterien und Bedingungen als sie für eine technische Problemlösung relevant sind. Der Transfer von Wissen, das an lebenden Systemen gewonnen wurde, in eine technische Umgebung ist kein trivialer Vorgang, der die Potenziale der Bionik zerstören oder sogar in gegenteiliges Risiko umwandeln kann.[50] So kann ein biologisches Verpackungsmaterial vielleicht besonders reißfest und umweltschonend sein, aber der Abbau dieses Stoffes mit großem energetischen Aufwand verbunden sein, was zu ökologischen und ökonomischen Problemen führen kann. Insbesondere die Unterschiede der Entwicklungsstrategien von Technik und Natur machen deutlich, dass es kein einfacher Weg ist diese beiden Ausgangspunkte zu vereinen.

Zusammenfassend lässt sich festhalten, dass das durchaus ambitionierte Ziel fünf komplexe Aufgabenabschnitte im begrenzten Rahmen des Assignments zu bearbeiten, erreicht wurde. Dem komplexen Themengebiet der bionischen Werkstoffe konnte nicht komplett Rechnung getragen werden. So wurden Definitionen für die Begriffe Werkstoff und Material, als auch Bionik herausgearbeitet, die Aufgaben technischer Verpackungen beleuchtet und jeweils fünf Materialien für biologische und technische Verpackungen vorgestellt. Weiterhin wurden die prägnanten Unterschiede zwischen den Entwicklungsstrategien von biologischen und technischen identifiziert und jeweils drei Beispiele von technischen und biologischen Verpackungswerkstoffen und deren Beeinflussung der sozialen, ökologischen und ökonomischen Ziele untersucht.

[50] Vgl. Grunwald/Oertel (2006), S.5.

Schlussendlich lässt sich formulieren, dass das Anwendungspotenzial der Bionik im Bereich der Werkstoffe enorm ist. Insbesondere die ganzheitliche und interdisziplinäre Vorgehensweise der Natur bei der Entwicklung von Verpackungen dient als Anschauungsbeispiel. Der Mensch muss lernen in Netzwerken zu denken und nicht nur Teillösungen zu erarbeiten. Wird sich an diese Prämisse gehalten, so stellt die Anwendung biologischer Werkstoffe in der Technik eine Möglichkeit dar, im Sinne der Natur und des Menschen nachhaltig und zukunftsorientiert zu handeln.

11 Anhang

11.1 Spezielle Struktur der Cuticula

Ein effektiver Mechanismus, der den wasserabweisenden Effekt der Cuticula enorm verstärken kann, ist die Bildung von Papillae (hervortretenden Zellen auf der Blatthaut) oder Cuticularfaltungen. Hierfür muss die Blatthaut lediglich in mehr oder weniger regelmäßigen Abständen die Menge der nach außen abgegebenen Wachse erhöhen bzw. so uneben sein, dass Faltungen und Vorsprünge auf der Cuticula in einer Dichte entstehen, die es den Wassertropfen nicht erlaubt, zwischen die Faltungen zu dringen.[51]

11.2 Glas und PET-Flasche

Abbildung 9: Transparente Flaschen aus Glas und Kunststoff (vergleiche Bonzena 2017, S.27.)

[51] Vgl. Kropp, R. (2015), S. 55.

11.3 Papier-Kartonverpackungen

Abbildung 10: Altpapier, das zur Produktion neuer Papp- und Papierverpackungen verwendet wird (vergleiche Umweltbundesamt 2014).

11.4 Beeinflussung von Verpackungsmaterialien auf soziale, ökologische und ökonomische Ziele

Ähnlich wie bei den Kunststoffen hat Papier - respektive Pappe - einen großen Einfluss auf die sozialen Ziele. Allerdings ist der Einfluss positiver Natur. Pappverpackungen sind mittlerweile gesellschaftlich akzeptiert und unterliegen keinen gesetzlichen Restriktionen. Betrachtet man allerdings die ökologische Seite, so fällt auf, dass die Herstellung von Papier nicht besonders umweltfreundlich ist. Zum einen muss Holz abgebaut werden und zum anderen entstehen bei der Herstellung von Papier große Mengen an Abfallprodukten. Die Einflussnahme auf die ökologischen Ziele ist dennoch geringer als bei den Kunststoffen. Aus ökonomischer Sicht ist Papier ein günstiges Material für Verpackungen. Wird allerdings Papier recycelt, um es wiederzuverwenden, ist der Kostenfaktor schon deutlich höher als vorher.

Der Einfluss von Metall als Werkstoff für Verpackungen auf soziale Ziele ist derzeit nicht vorhanden. So gibt es weder Restriktionen, noch eine besonders positive gesellschaftliche Wahrnehmung von Metall als Verpackungswerkstoff. Der Einfluss auf ökologische Ziele ist größer, als der Einfluss auf die sozialen und ökonomischen Ziele, da Metall unendlich oft wiederaufbereitet werden kann.

Die biologischen Verpackungsmaterialien lassen sich einheitlich bewerten, da diese aus evolutionären Prozessen entstehen und frei von Faktoren wie Gesellschaftsfähigkeit und ökonomischer Anwendbarkeit sind. Dementsprechend lässt sich auch die Einflussnahme der biologischen Verpackungsmaterialien auf ökonomische und soziale Ziele als gering bis nicht vorhanden einstufen. Aus ökologischer Sicht sind diese Materialien allerdings hervorzuheben, da sie in jeder Form nachhaltig sind.

12 Literaturverzeichnis

Becker, Günther. 1975. Organismen und Werkstoffe - das Grenzgebiet der Biologischen Materialforschung. Berlin-Dahlem : Springer-Verlag, 1975.

Bertling, Jürgen. 2008. *Bionik und Werkstoffe.* Osnabrück : Fraunhofer Institut Umwelt-, Sicherheits- Ernergietechnik UMSICHT, 2008.

Bozena, Arnold. 2017. *Werkstofftechnik für Wirtschaftsingenieure.* Berlin : Springer Vieweg, 2017.

Helbing, Kurt W. 2018. *Handbuch Fabrikprojektierung.* Berlin, Heidelberg : Springer Vieweg, 2018.

Hornbogen, Erhard, Eggeler, Gunther und Werner, Ewald. 2017. *Werkstoffe - Aufbau und Eigenschaften von Keramik-, Metall-, Polymer- und Verbundwerkstoffen.* Berlin : Springer Vieweg, 2017.

Küppers, Udo und Tributsch, Helmut. 2009. *Verpacktes Leben - Verpackte Technik - Bionik der Verpackung zitieren.* New York : John Wiley & Sons, 2009.

Kropp, Ruthild. 2015. *Genial geschützt! - Raffinierte Verpackungen in der Natur.* Stuttgart : wbg Theiss, 2015.

Nachtigall, Werner. 2002. *Bionik - Grundlagen und Beispiele für Ingenieure und Naturwissenschaftler.* Berlin, Heidelberg : Springer, 2002.

Oertel, Dagmar und Grundwald, Armin. 2006. *Potenziale und Anwendungsperspektiven der Bionik.* Berlin : Büro für Technikfolgen-Abschätzung beim deutschen Bundestag, 2006.

Pfohl, Hans-Christian. 2018. *Logistiksysteme - Betriebswirtschaftliche Grundlagen.* Berlin, Heidelberg : Springer Vieweg, 2018.

Thienel, K.-Ch. 2018. *Werkstoffe des Bauwesens - Glas.* München : Institut für Werkstoffe des Bauwesens Universität München, 2018.

Umweltbundesamt. 2014. Umweltbundesamt Zellstoff- und Papierindustrie. [Online] 24. Februar 2014. [Zitat vom: 19. Januar 2020.] https://www.umweltbundesamt.de/themen/wirtschaft-konsum/industriebranchen/holz-zellstoff-papierindustrie/zellstoff-papierindustrie#textpart-1.